I0067656

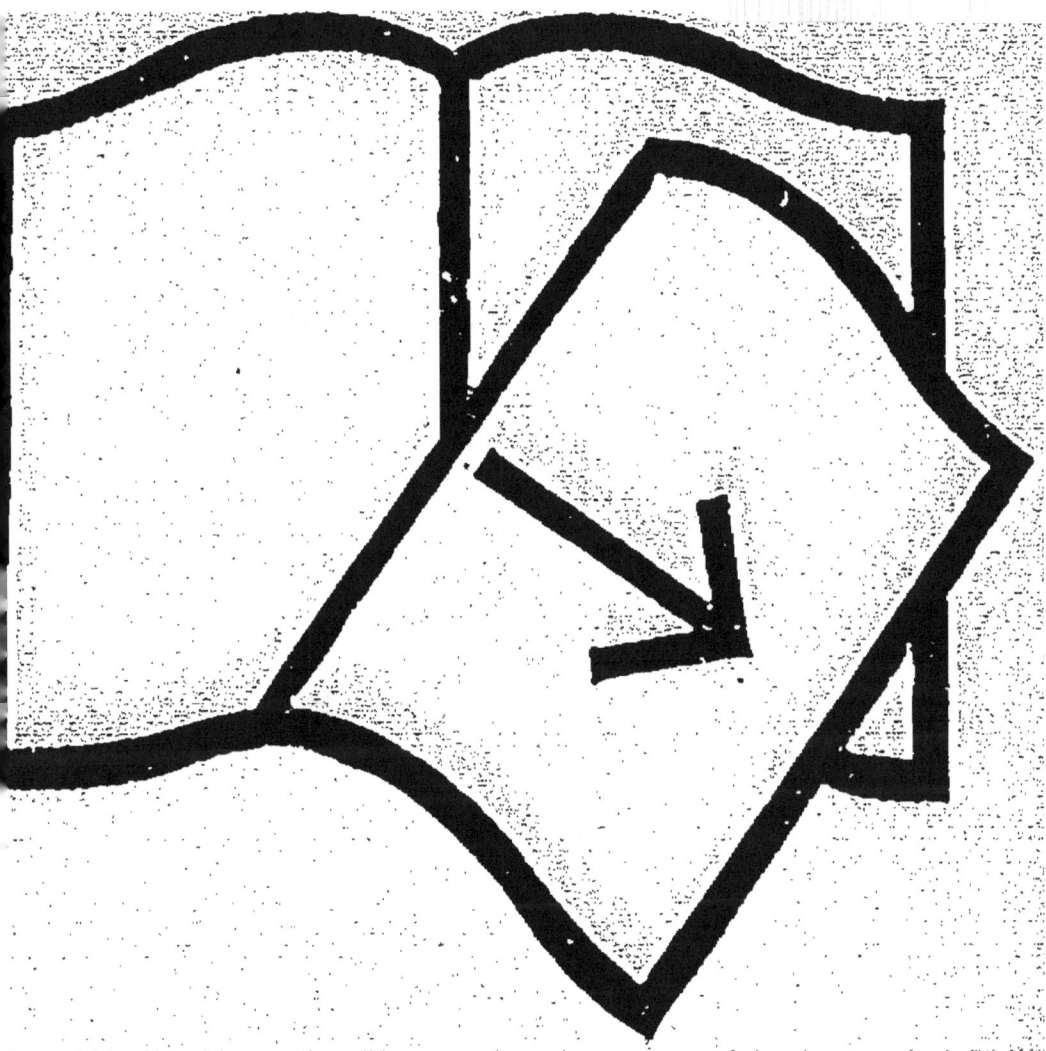

Documents manquants (pages, cahiers...)
NF Z 43-120-13

8° R
17637

DÉPÔT LÉGAL
Seine-et-Oise
N°
1895

PRÉCIS

DE

CHIMIE ATOMIQUE

8° R

17637

BOUANT (E.). — **Nouveau dictionnaire de chimie**, introduction par M. TROOST, membre de l'Institut, 1 vol. gr. in-8 de 1,120 p., 650 fig... 25 fr.

ENGEL. — **Traité élémentaire de chimie**, 1896, 1 vol. in-8 de 700 pages avec 165 fig.. 8 fr.

GAIN (E.). — **Précis de chimie agricole**, par Edmond GAIN, chargé de cours à la Faculté des Sciences de Nancy. 1895, 1 vol. in-18 de 436 p. et 93 fig., cart. (*Encyclopédie de chimie industrielle*)... 5 fr.

GUICHARD (P.). — **Précis de chimie industrielle**, par P. GUICHARD, professeur de chimie à l'École industrielle d'Amiens, 1894, 1 vol. in-18 de 422 pages avec 68 fig., cartonné (*Encyclopédie de chimie industrielle*)... 5 fr.

— **Chimie du distillateur :** matières premières et produits de fabrication. 1895, 1 vol. in-18 jés. de 408 p., avec 75 fig. cart. (*Encyclopédie de chimie industrielle*).................. 5 fr.

— **Microbiologie du distillateur:** ferments et fermentations. 1896, 1 vol. in-18 jés. de 392 p. avec 106 fig., cart. (*Encyclopédie de chimie industrielle*)............................ 5 fr.

— **Industrie de la distillation :** levures et alcools. 1896, 1 vol. in-18 jés. avec fig. cart............................. 5 fr.

HALLER (Alb.). — **L'industrie Chimique**, par A. HALLER, directeur de l'Institut chimique de Nancy. 1895, 1 vol. in-18 jés. de 348 p. avec fig., cart. (*Encyclopédie de chimie industrielle*). 5 fr.

JAMMES. — **Aide-mémoire de chimie**, 1 vol. in-18 de 280 p., avec 53 fig., cart.. 3 fr.

— **Aide-mémoire d'analyse chimique et de toxicologie.** 1 vol. in-18 de 282 pages avec 74 fig............ 3 fr.

JUNGFLEISCH (E.). — **Manipulations de chimie.** Guide pour les travaux pratiques de chimie, par E. JUNGFLEISCH, professeur à l'École supérieure de pharmacie et au Conservatoire des Arts et Métiers, 2e *édition*. 1893, 1 vol. gr. in-8, de 1,180 p., avec 374 fig., cartonné.. 25 fr.

LEFERT. — **Aide-mémoire de chimie médicale**, 1 vol. in-18, cart.. 3 fr.

SAPORTA (A. de). — **Les théories et les notations de la chimie moderne**, 1 vol. in-16, 336 p. et fig........... 3 fr. 50

TRILLAT. — **Les produits chimiques employés en médecine.** Introduction par M. SCHÜTZENBERGER (de l'Institut). 1894, 1 vol. in-18 jés. de 416 p. avec 57 fig., cart. (*Encyclopédie de chimie industrielle*)... 5 fr.

1531-95. — CORBEIL. Imprimerie ÉD. CRÉTÉ.

PRÉCIS

DE

CHIMIE ATOMIQUE

EN TABLEAUX SCHÉMATIQUES COLORIÉS

PAR

J. DEBIONNE

PROFESSEUR A L'ÉCOLE DE MÉDECINE ET DE PHARMACIE D'AMIENS

XLIII Planches

COMPRENANT 175 FIGURES COLORIÉES

DÉPO...
Science...
N.º 32
18.. 8

PARIS

LIBRAIRIE J.-B. BAILLIÈRE ET FILS

19, rue Hautefeuille, près du boulevard Saint-Germain

—

1896

Tous droits réservés

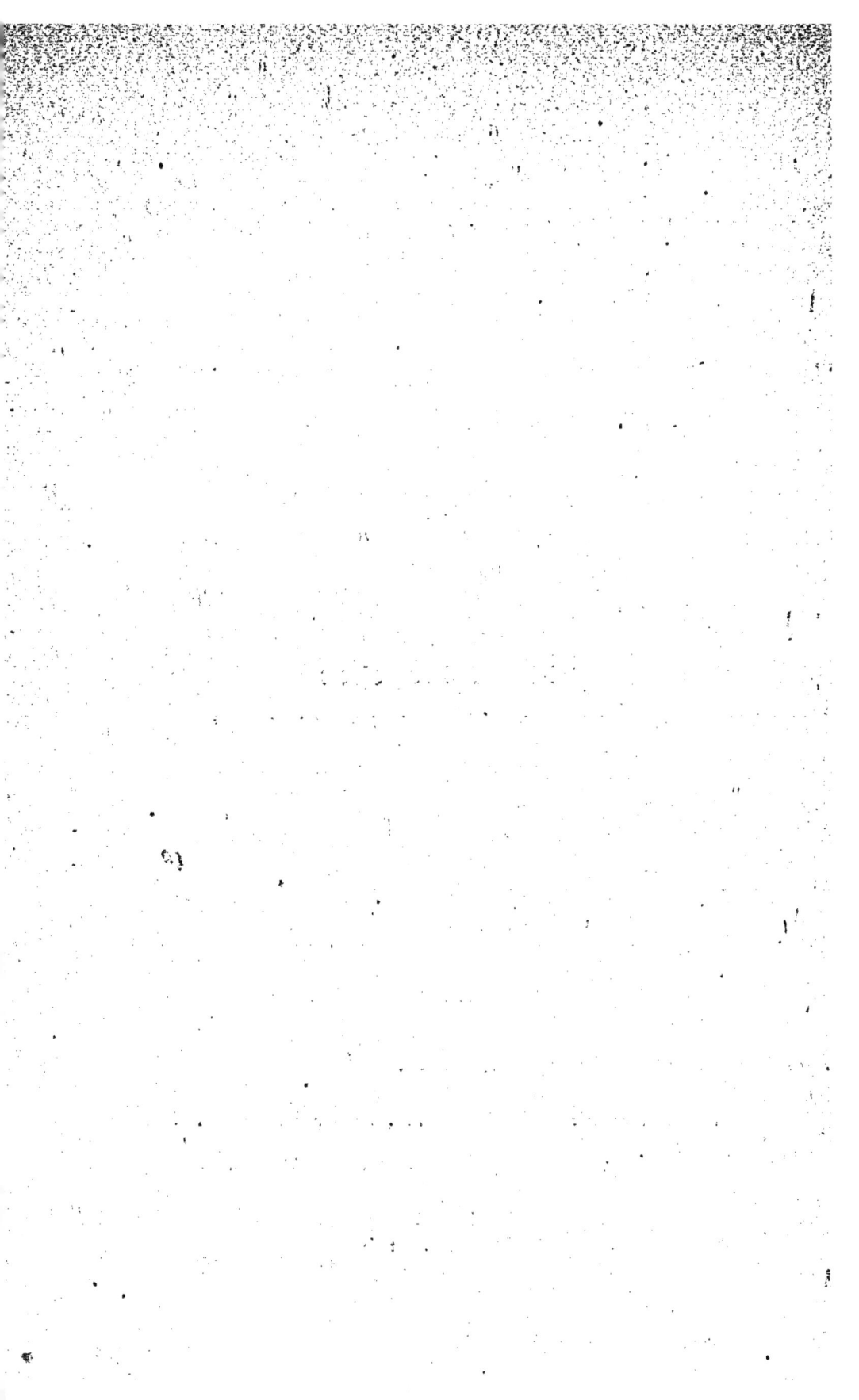

PRÉFACE

Les immenses progrès réalisés par la Chimie moderne et l'innombrable variété de corps nouveaux auxquels l'application des nouvelles méthodes a donné naissance, n'ont pas été sans rendre l'étude de cette science plus aride et plus difficile.

Les résolutions prises dans les congrès de Genève et de Besançon, relativement à la nomenclature chimique, n'en ont pas sensiblement diminué les difficultés, et les formules qui représentent les corps nouveaux sont toujours et seront peut-être pour longtemps encore, pour nos jeunes élèves, une suite interminable de mots barbares, qui semblent ôter à la science chimique toute sa beauté et tout son attrait.

Aussi combien de jeunes gens n'ont pas persévéré dans l'étude de cette science, faute de n'avoir pas été aidés dès leurs premiers pas. Cependant la Chimie est inscrite au nombre des sciences que doivent connaître nos étudiants, tant en Médecine qu'en Pharmacie, ainsi que les élèves de nos grandes Écoles, voire même de nos Lycées et Collèges.

1.

Mais pour quelques-uns cette science est trop vaste ; pour d'autres, elle est trop aride ; pour la plupart, elle est trop compliquée dans ses formules et dès lors trop peu compréhensible.

Ne pourrions-nous pas dire aussi que la diversité des systèmes de notation symbolique est peut-être la cause principale de ce discrédit. Nous avons eu en effet la *théorie dualistique* et la *théorie unitaire*, qui l'une et l'autre ont eu leurs défenseurs.

Nous avons maintenant la *théorie atomique*, la *théorie des ions*, la *théorie schématique* et la *stéréochimie*, qui toutes ont leurs partisans et leurs adversaires.

Les inconvénients de cette pluralité de théories et de systèmes, inconvénients qui d'ailleurs ne sont plus à prouver, nous rappellent les paroles que prononçait, il y a quelques années, notre distingué Maître et ami, M. le Professeur Bor, dans son discours de réception à l'Académie d'Amiens (1).

« Il est regrettable que les grands esprits de notre siècle, et, ce qui est étonnant, aussi bons observateurs et praticiens que profonds penseurs, n'aient pas envisagé les difficultés qu'ils apportaient à l'enseignement de cette belle science en multipliant les notations adoptées, les unes par une école, les autres par une autre. »

Les planches qui forment l'ensemble de cet ouvrage

(1) *Les bienfaits de la Chimie Moderne.* Discours de réception à l'Académie des Sciences, des Lettres et des Arts d'Amiens (Séance du 15 novembre 1889).

et, dont quelques-unes sont la reproduction de ta-
bleaux que nous avons faits pour l'École de Médecine
et de Pharmacie d'Amiens, en 1880, sont établies en
notation atomique et sous la forme schématique.

Notre intention n'est pas de faire prévaloir cette
forme, qui, par rapport à la stéréochimie, ne lui est
inférieure que parce que cette dernière dispose des
trois dimensions de l'espace.

Notre but est beaucoup plus modeste.

Ce livre est composé de deux parties tout à fait dis-
tinctes : l'une comprend la série des planches au nombre de quarante-trois, l'autre un texte explicatif se
rapportant à chacune de ces planches.

Les dessins que contiennent ces planches représentent les schémas des composés chimiques les plus
importants.

Le texte, qui comprend la construction schématique, la préparation et les propriétés de chacun de ces
corps n'est autre qu'une sorte de *mémorandum*, que
nous avons annexé à ces planches.

Aussi engageons-nous vivement nos lecteurs à con-
sulter les ouvrages spéciaux qui traitent de ces ques-
tions, particulièrement les suivants auxquels (nous
nous faisons un devoir de le dire) nous avons puisé
d'utiles renseignements et fait de fréquents emprunts.

Théories et notations atomiques, par E. GRIMAUX.
Les théories et les notations de la Chimie Moderne, par A. DE SAPORTA.
Abrégé de Chimie, par PELOUZE et FRÉMY.

Leçons de Chimie, par A. Riche.
Traité élémentaire de Chimie Organique, par Berthelot.
Manipulations de Chimie, par Jungfleisch.
Traité de Chimie, par Louis Serres.
Éléments de Chimie Organique schématique, par Gausse.
Cours de pharmacie (Pharmacie chimique), t. II, par E. Dupuy.

Nous avons voulu venir en aide à nos jeunes élèves en leur présentant des schémas qui parlent aux yeux et frappent l'esprit; nous avons voulu remplacer l'aspect monotone et unicolore des formules brutes et des figures schématiques par quelque chose de plus animé et de plus attrayant; nous avons voulu enfin rendre à la fois facile et agréable l'étude d'une science indispensable à tous, mais qui trop souvent paraît ingrate et difficile. Puissions-nous avoir atteint ce but!

Et nous serons alors amplement récompensé de notre travail, si la jeunesse de nos écoles, pour qui nous avons fait ce livre, le parcourt avec intérêt et le consulte avec fruit.

J. Debionne.

Amiens, 15 août 1895.

PRÉCIS
DE CHIMIE ATOMIQUE

EN TABLEAUX SCHÉMATIQUES COLORIÉS

INTRODUCTION

RÈGLES DE CONSTRUCTION SCHÉMATIQUE ET MODES
DE NOTATION CHIMIQUE

Nous commencerons par rappeler les règles de construction schématique, et les modes de notation chimique.

Pour figurer la constitution atomique des corps composés, indépendamment des formules brutes, on peut employer, soit les formules *développées*, qui représentent le nombre et la nature des atomes qui sont compris dans un même agrégat moléculaire, soit les formules *schématiques* ou de *constitution*, qui indiquent la constitution des corps et les relations d'affinité de leurs divers éléments.

Lorsque l'on veut représenter dans une formule l'atomicité ou la valeur des éléments, on affecte leurs symboes de petits signes (chiffres romains, accents), que l'on place tantôt au-dessus du symbole, tantôt à sa droite en haut ou vers la base.

Ainsi l'on écrit :

L'Hydrogène monovalent ou monoatomique. H H′ H, ou H̓ H̓ᴵ H̓ᵢ

L'Oxygène bivalent ou diatomique.......... O O′ O, ou Ö Oᴵᴵ Oᵢᵢ

L'Azote trivalent ou triatomique.......... AzAz″ Az, ou Az̎Az̎ᴵᴵᴵAz̎ᵢᵢᵢ

Le Carbone tétravalent ou tétratomique... C C″ C,, où C̽ Cᴵᵛ Cᵢᵥ

Le Phosphore pentavalent ou pentatomique. PhPh″Ph,, ou Ph̽PhPhᵥ

D'autres fois, lorsque le corps est diatomique, on coupe le symbole en deux par une barre qui le traverse horizontalement ou par une barre de chaque côté

Ex. :   O   ou   -O-

Les corps triatomiques sont représentés par trois barres partant du même point

Ex. :   Az≦   ou   Az

et les corps tétratomiques par quatre barres.

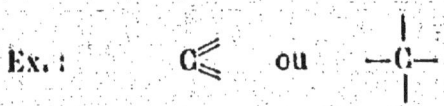

Ex. :   C≦   ou   -C-

Il arrive parfois que certains corps sont tantôt triatomiques, tantôt pentatomiques. C'est ce qui a lieu pour l'Azote, le Phosphore, l'Arsenic et l'Antimoine.

Dans le cas où ils sont pentatomiques, il y a souvent

deux atomicités qui n'ont pas la même énergie de saturation, ce que l'on traduit ainsi :

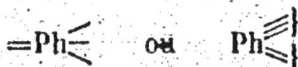

$$=Ph \lessgtr \quad ou \quad Ph \lessgtr$$

Dans la planche I, nous avons représenté, aux signes conventionnels, les atomicités des divers corps, par de petits prolongements dont le nombre est égal à l'atomicité de ces corps. Lorsque deux atomicités se saturent, nous avons réuni ces deux prolongements par un petit trait, ainsi qu'on peut le voir à la planche II, pour les quatre types chimiques. Toutefois, pour simplifier, nous n'avons pas jugé utile de reproduire ces prolongements et ces traits dans les autres planches.

Rappelons que l'on désigne sous le nom de *chaîne ouverte* ou de *chaîne fermée* les formules développées dans le sens rectiligne, dont les extrémités sont ou non saturées.

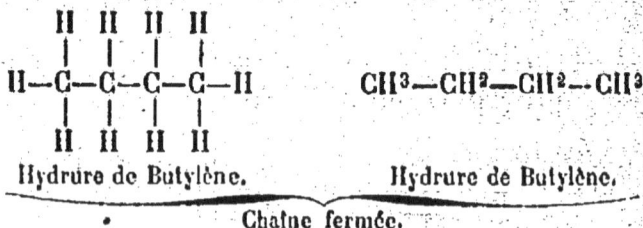

$$H-\overset{\overset{H}{|}}{C}-\overset{\overset{H}{|}}{\underset{\underset{H}{|}}{C}}-\overset{\overset{H}{|}}{\underset{\underset{H}{|}}{C}}-\overset{\overset{H}{|}}{\underset{\underset{H}{|}}{C}}-H \qquad CH^3-CH^2-CH^2-CH^3$$

Hydrure de Butylène.   Hydrure de Butylène.

Chaîne fermée.

Si nous considérons planche XXXVII, figure 149 la formule rectiligne de la Benzine comme provenant de la condensation de l'Acétylène, nous voyons qu'à chaque extrémité de la chaîne, il reste deux atomicités libres, ce qui constitue la chaîne ouverte.

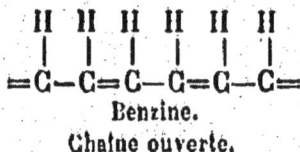

$$=\overset{\overset{H}{|}}{C}-\overset{\overset{H}{|}}{C}=\overset{\overset{H}{|}}{C}-\overset{\overset{H}{|}}{C}=\overset{\overset{H}{|}}{C}-\overset{\overset{H}{|}}{C}=$$

Benzine.

Chaîne ouverte.

Mais remarquons que cette façon de représenter la Benzine est pour ainsi dire inexacte. La polymérisation de l'Acétylène nous donne un corps dans lequel les atomes semblent être rivés les uns aux autres.

La condensation qui a eu pour effet de les unir si intimement, leur a fait perdre leurs atomicités libres. Replions les deux extrémités de la chaîne pour former un anneau hexagonal, nous verrons les atomicités libres disparaître, et notre hexagone nous donner un schéma représentant la constitution exacte de la Benzine, telle que M. Berthelot l'a obtenue par la condensation de l'Acétylène.

Comme on le verra dans les planches suivantes, le schéma qui représente la Benzine, est susceptible à son tour de donner naissance à des composés extrêmement nombreux et variés.

Puisque nous parlons de la Benzine, c'est le cas de rappeler ici ce qui est admis au sujet de ses divers carbones. On les numérote de 1 à 6, en partant de celui qui est au sommet de l'hexagone et en descendant vers la droite pour remonter vers la gauche. On peut ainsi désigner facilement les carbones auxquels vient s'ajouter un composé quelconque.

Dans la substitution au 2e degré, le composé benzylique prend l'une des dénominations *Ortho*, *Méta*, *Para*, suivie du nom du composé, lorsque les carbones affectés sont les (1.2) (1.3) (1.4) (voir pl. XXXIX et XL).

Mais assez souvent lorsque les 6 atomes centraux restent étrangers à la substitution, on convient de tracer l'hexagone qui figure non seulement les 6 carbones, mais les hydrogènes primitifs non altérés, et l'on indique simplement les radicaux introduits en écrivant leurs formules à la position qu'ils doivent occuper.

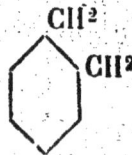

Orthodiméthylbenzine.

Le composé benzylique ainsi représenté est essentiellement considéré comme un produit d'addition.

Certains corps se rattachant à la Benzine peuvent être représentés par plusieurs hexagones ayant un côté commun. Ainsi planche XLIII, la Naphtaline, l'Anthracène, l'Essence de térébenthine.

On remarquera que pour ce dernier corps, de même que pour l'hexachlorure de carbone, planche XXXVIII, figure 154, nous avons relevé les atomicités doubles réunissant les carbones de la Benzine et de la Naphtaline, et nous avons ainsi doublé le nombre des éléments monoatomiques en introduisant dans l'un 6 atomes de Chlore, et dans l'autre 10 atomes d'hydrogène.

Dans le cas où l'on introduit un corps diatomique comme l'oxygène, celui-ci prend la place de deux éléments monoatomiques et sature alors deux atomicités libres. Ex. : l'Aldéhyde, planche XIV, figure 55 et la Benzoquinone, planche XLII, figure 171.

Sous la dénomination de *radicaux alcooliques* et de *radicaux acides*, nous avons figuré par des ronds formés de 2 ou 3 couleurs, planche I, aux signes conventionnels et planches XXI, XXX et XXXIII, à chacune des figures, les groupements de carbone et d'hydrogène d'une part, et les groupements de carbone, d'hydrogène et d'oxygène d'autre part. Nous les avons affectés en outre de 1, 2 ou 3 traits ou atomicités émergeant du même point pour montrer qu'ils représentent des composés ayant une valeur monoatomique, diatomique ou triatomique. Grâce à ces dispositions nous avons pu établir les composés fictifs des planches XXI, XXX et XXXIII, dans lesquels nos radicaux deviennent monoatomiques, diatomiques ou triatomiques suivant qu'ils se substituent à 1,2 ou 3 atomes d'hydrogène à la même position dans une, deux ou trois molécules d'ammoniaque réunies en quelque sorte en une seule.

Nous recommandons particulièrement l'étude des schémas théoriques des planches XXI, XXX et XXXIII. On se fera ainsi une idée exacte de l'importante famille des ammoniaques composées, dont nous avons reproduit d'ailleurs un grand nombre de spécimens.

Avant de terminer, il nous reste à donner une dernière explication.

Afin de faciliter l'étude de nos schémas nous avons figuré les atomes par des ronds de deux grandeurs, mais nous admettons en principe que ces ronds, petits ou grands, ont la même valeur chimique. On nous objectera peut-être que ces planches étant destinées à parler aux yeux, ces ronds de deux grandeurs provoqueront la confusion et laisseront croire que ces atomes ont des valeurs différentes. Non seulement nous n'avons pas cette crainte, mais nous sommes au contraire persuadé que quelques jours, voire même seulement quelques heures suffiront à l'étudiant pour se familiariser avec nos schémas dans lesquels il ne verra bientôt plus ces deux grandeurs de ronds, mais simplement la couleur des atomes et la place qu'ils occupent.

Il en est ainsi des majuscules et des minuscules que le lecteur aperçoit en parcourant ces lignes. Ces lettres aussi sont différentes, et cependant elles ont la même valeur. Pourvu qu'on se serve des mêmes lettres et dans le même ordre, majuscules ou minuscules forment des mots qui ont le même sens, et se prononcent de la même manière.

Nous avons dit que c'était pour faciliter l'intelligence de nos schémas, que nous avons figuré des atomes de grandeurs différentes.

L'étude des produits de substitution rapportés aux types chimiques qui constituent les planches XV et XVI, XVII et XVIII, XIX et XX en fournit la preuve démonstrative.

Pour le type eau par exemple, les schémas de l'alcool et de l'éther, figures 59 et 60 de l'acide acétique hydraté et anhydre et de l'éther acétique, figures 63, 64 et 65, nous montrent ce qui reste de la molécule d'eau après le départ d'un ou de deux atomes d'hydrogène remplacés par un ou deux groupes des radicaux *éthyle* ou *acétyle* (1). Nous remarquons en outre, que l'oxygène de l'eau forme le noyau des composés qui dérivent de ce type. Nous pouvons en dire autant de l'Azote et du Carbone dans les types Ammonique et Formène.

Mais combien il serait autrement intéressant de recher-

(1) Dans nos substitutions, nous avons fréquemment employé les radicaux Éthyle et Acétyle qui fournissent des composés que les étudiants ont plus particulièrement besoin de connaître.

cher la présence de certains noyaux ou de certains groupes dans les formules complexes. On verrait que ce ne sont
plus seulement des atomes qui servent de noyaux, mais
des groupes entiers d'atomes, ainsi qu'on l'a constaté dans
un certain nombre d'alcaloïdes.

La Berbérine, l'Hydrastine, la Papavérine et la Narcotine donnent en effet des schémas dans lesquels on remarque la présence constante du schéma de l'isoqui-
noléine.

Et maintenant pour terminer, nous dirons que si à
l'aide de ses tracés graphiques, l'ingénieur trouve parfois
la solution de ses problèmes ou le contrôle de ses calculs,
c'est avec le secours de ses formules et de ses schémas
que le Chimiste pénètre les secrets de la Nature, entrevoit
les liens à l'aide desquels elle enchaîne les atomes, et
parvient à reproduire de temps à autre quelques-uns de
ces composés qu'elle se plaît à nous montrer sous des
formes si nombreuses et si variées.

Planche I

SIGNES CONVENTIONNELS

Nous représentons, à la planche 1, sous la forme de ronds de diverses couleurs, les éléments primordiaux qui se rencontrent le plus souvent dans la constitution des composés chimiques.

Ainsi différenciés par leur couleur, nous avons pu en les juxtaposant d'après certaines règles, reproduire dans les planches suivantes les schémas d'un certain nombre de corps.

Nous avons choisi, parmi les corps simples, ceux qui concourent le plus souvent à la formation des autres corps, c'est-à-dire l'**Hydrogène**, l'**Oxygène**, l'**Azote** et le **Carbone**, chacun de ces corps ayant en outre l'avantage de posséder une atomicité différente.

Ces 4 corps nous ont d'abord permis de représenter les 4 types chimiques de Gerhardt (voir Pl. II).

A ces 4 corps simples, nous en avons ajouté un cinquième le **Chlore**, élément monoatomique, que nous avons substitué à l'hydrogène dans certains composés qu'il nous a paru intéressant de reproduire.

C'est à l'aide de ces 5 éléments que nous avons représenté schématiquement les principaux composés de chimie organique, que l'étudiant doit connaître.

Enfin nous avons complété ces 5 éléments par les radicaux figurés ci-contre dont nous donnons d'autre part l'explication (voir *Introduction*, page 13).

Les schémas-types dans lesquels entrent ces radicaux nous montrent la nature et la valeur des éléments susceptibles d'entrer en substitution.

PLANCHE II

TYPES CHIMIQUES

Les schémas de la planche II représentent les 4 types chimiques de Gerhardt.

Chaque atome est affecté d'autant de petits prolongements qu'il possède d'atomicités.

Dans le groupement de ces atomes pour représenter les 4 types de cette planche, ces prolongements sont placés l'un en face de l'autre pour montrer que ces atomicités se saturent et que le corps constitue ainsi un noyau fermé. Il en résulte que l'élément hydrogène qui est monoatomique exige un autre élément monoatomique pour se saturer et former la molécule hydrogène; l'oxygène qui est diatomique en exige 2 l'azote qui est triatomique en exige 3 et le carbone qui est tétratomique en exige 4.

Comme l'examen de la planche II suffit pour permettre au lecteur de se rendre compte des atomicités des divers corps qui entrent dans la composition des schémas, il n'a pas été jugé nécessaire de reproduire ces prolongements dans les planches suivantes.

C'est en introduisant des atomes ou des groupes d'atomes dans chacun des 4 types ci-contre, soit par addition, soit par substitution, que nous allons obtenir tous les schémas des corps que nous avons représentés.

Si nous ignorons le lien secret qui existe entre le schéma d'un corps et sa préparation, il n'en est pas de même entre la forme schématique qui le représente et le schéma-type duquel il dérive. Les schémas qui dérivent du même type, nous donnent des formes schématiques analogues, dans lesquelles l'analogie se poursuit dans le mode de préparation et jusque dans les propriétés physiques et chimiques.

Il y a là des liens de parenté que nous avons voulu mettre en évidence à l'aide de nos schémas et dont l'origine se rattache à chacun des corps de la planche ci-contre.

Planche III

TYPES CHIMIQUES

Substitution d'un élément monoatomique dans les types **Hydrogène** et **Eau**.

Hydrogène. Fig. 5.

Schéma-type. — *Molécule formée de deux atomes.*

Préparation. — S'obtient par la décomposition de l'eau à l'aide du fer ou du zinc chauffé au rouge ou à froid, l'eau étant aiguisée d'un acide.

Propriétés. — S'unit à l'Oxygène pour former l'eau. Forme des composés binaires, ternaires et quaternaires très nombreux avec le Carbone, l'Oxygène et l'Azote.

Acide chlorhydrique. Fig. 6.

Schéma. — *Résulte de la substitution d'un atome de Chlore à un atome d'Hydrogène.*

Préparation. — S'obtient par la décomposition du chlorure de sodium par l'acide sulfurique.

Propriétés. — Gaz que l'on met en solution aqueuse. Forme un acide très énergique.

Eau. Fig. 7.

Schéma-type. — *Formé par l'union de l'élément diatomique Oxygène à deux éléments monoatomiques Hydrogène.*

Propriétés. — Dans les réactions chimiques, l'eau cède tantôt son oxygène, tantôt son hydrogène. Elle dissout un grand nombre de corps et forme parfois des combinaisons avec ces corps (hydrates).

Acide hypochloreux hydraté. Fig. 8.

Schéma. — *Résulte de la substitution d'un atome de Chlore à un atome d'Hydrogène dans le type Eau.*

Préparation. — S'obtient par l'action du chlore sur l'oxyde jaune de mercure.

Propriétés. — Forme avec les bases des hypochlorites, très employés comme agents décolorants.

L'hypochlorite de soude (Liqueur de Labarraque) est employé en médecine comme désinfectant.

Planche IV

TYPES CHIMIQUES

Substitution d'un élément monoatomique dans les types
Ammoniaque et Formène.

Ammoniaque. Fig. 9.

SCHÉMA-TYPE. — *Formé par l'union de l'élément triatomique Azote à trois éléments monoatomiques Hydrogène.*

PRÉPARATION. — Décomposition du chlorhydrate d'ammoniaque par la Chaux.

PROPRIÉTÉS. — Gaz très soluble dans l'eau, qui acquiert, des propriétés basiques et caustiques très prononcées.

Trichlorure d'Azote. Fig. 10.

SCHÉMA. — *Résulte de la substitution de 3 atomes de Chlore à 3 d'Hydrogène.*

PROPRIÉTÉS. — Composé très détonant.

Formène. Fig. 11.

SYNONYMIE. — Gaz des marais. Hydrogène protocarboné. Protocarbure d'hydrogène. Grisou. Hydrure de Méthyle. Méthane.

SCHÉMA-TYPE. — *Formé par l'union de l'élément tétratomique Carbone à 4 éléments monoatomiques Hydrogène.*

PRÉPARATION. — Décomposition de l'acétate de soude par la potasse.

PROPRIÉTÉS. — Gaz très stable, non vénéneux; fait partie du gaz d'éclairage.

Tétrachlorure de carbone. Fig. 12.

SCHÉMA. — *Résulte de la substitution de 4 atomes de Chlore à 4 atomes d'Hydrogène.*

PRÉPARATION. — Action du chlore sec sur le formène à la lumière diffuse ou à la lumière solaire, les deux gaz étant placés dans deux flacons réunis par un petit tube.

PROPRIÉTÉS. — Liquide bouillant à 77°.

TYPES CHIMIQUES

Substitution progressive d'un élément monoatomique
dans le type Formène.

Formène. Fig. 13.

SCHÉMA-TYPE. — Description, voir page 30.

Formène monochloré. Fig. 14.

SYNONYMIE. — Chlorure de Méthyle.

SCHÉMA. — *Résulte de la substitution d'un atome de Chlore à un atome d'Hydrogène.*

PRÉPARATION. — Comme pour le tétrachlorure de Carbone. Voir page 30.

Remarque. — Les 4 composés chlorés du Formène peuvent tous s'obtenir de la même manière, il suffit de varier les proportions de chlore et de formène.

PROPRIÉTÉS. — Liquide bout à — 21°. Employé comme anesthésique local.

Formène bichloré. Fig. 15.

SCHÉMA. — *Résulte de la substitution de 2 atomes de Chlore à 2 atomes d'Hydrogène.*

PRÉPARATION. — Voir la remarque ci-dessus.

PROPRIÉTÉS. — Bout à 30°.

Formène trichloré. Fig. 16.

SYNONYMIE. — Chloroforme.

SCHÉMA. — *Résulte de la substitution de 3 atomes de Chlore à 3 atomes d'Hydrogène.*

PRÉPARATION. — Action du chlorure de chaux sec et de la chaux vive sur l'alcool, en présence de l'eau. — On obtient aussi le chloroforme à l'aide du chloral et de la chaux. Il ne faut pas trop élever la température; le chloroforme bout à 60°.

PROPRIÉTÉS. — Très précieux anesthésique. Doit toujours être d'une pureté irréprochable.

Formène tétrachloré. Fig. 17.

SYNONYMIE. — Tétrachlorure de carbone.

SCHÉMA. — Description, voir page 30.

TYPES CHIMIQUES

Introduction progressive d'un élément diatomique
dans le composé Acide chlorhydrique.

Acide chlorhydrique. Fig. 18 et 19.

Schéma-type. — Description, voir page 26.

Acide hypochloreux hydraté. Fig. 20.

Préparation. — Description, voir page 26.

Acide chloreux hydraté. Fig. 21.

Préparation. — S'obtient par la désoxydation de l'acide chlorique par l'acide arsénieux. Il est alors à l'état de gaz qui se liquéfie par abaissement de température.

Propriétés. — Acide faible, très peu stable, détone facilement à 50 ou 60°, en présence de beaucoup de corps : Phosphore, Soufre, Potassium, Arsenic.

Acide chlorique hydraté. Fig. 22.

Préparation. — S'obtient par décomposition du chlorate de baryte par l'acide sulfurique. Évaporation de la solution d'acide chlorique sur un feu doux, puis dans le vide.

Propriétés. — C'est un oxydant très énergique.

Acide perchlorique hydraté. Fig. 23.

Préparation. — Décomposition du perchlorate de potasse par l'acide sulfurique.
Cette préparation n'est pas sans danger.

Propriétés. — Corps cristallisé très avide d'eau. Abandonné à lui-même, il se détruit à la longue avec explosion.

———

Schémas. — *Les schémas de ces divers corps sont obtenus par l'addition au composé Acide chlorhydrique de 1, 2, 3 ou 4 atomes d'Oxygène.*

PLANCHE VII

TYPES CHIMIQUES

Introduction progressive d'un élément diatomique
dans les dérivés alcooliques du type Eau.
Formation des alcools polyatomiques.

3.

Eau. Fig. 24.

SCHÉMA-TYPE. — Description, voir page 26.

Alcool. Fig. 25.

SYNONYMIE. — Alcool éthylique. Alcool vinique. Hydrate d'É-thyle. Ethanol.

SCHÉMA. — *Pour se rendre compte que l'alcool dérive du type, il suffit de considérer les figures 29 et 30 de la planche VIII.*

PRÉPARATION. — S'obtient par la fermentation des matières sucrées.

PROPRIÉTÉS. — Peut donner naissance à plusieurs corps : Éthylène, Éther, Aldéhyde, Acide acétique. Il dissout un grand nombre de corps et particulièrement les résines et les alcaloïdes. Entre dans la composition d'un certain nombre de médicaments.

Glycol. Fig. 26.

SYNONYMIE. — Éthylglycol, Glycol vinique.

SCHÉMA. — *L'examen de ce schéma montre que le glycol est intermédiaire entre l'alcool et la glycérine : d'où le nom Glycol.*

PRÉPARATION. — Partant du bibromure d'éthylène qu'on traite par l'acétate d'argent, on obtient le glycol diacétique, que l'on décompose par la potasse.

PROPRIÉTÉS. — Liquide incolore, inodore, saveur sucrée, miscible à l'eau et à l'alcool.

Glycérine. Fig. 27.

SCHÉMA. — *Si l'on compare la figure 27 avec la figure 31 de la planche VIII, il sera facile de se rendre compte que la glycérine est un alcool et que cet alcool est triatomique.*

PRÉPARATION. — Résulte de la saponification des corps gras par la vapeur d'eau ou par les acides ou enfin par les alcalis.

PROPRIÉTÉS. — Dissolvant très employé. Donne avec l'acide azotique la nitroglycérine.

TYPES CHIMIQUES

Introduction progressive d'un élément tétratomique
dans le type Eau.

Formation des alcools de la série grasse.

Eau. Fig. 28.

SCHÉMA-TYPE. — Description, voir page 26.

Alcool méthylique. Fig. 29.

SYNONYMIE. — Esprit de bois.

SCHÉMA. — *Résulte de l'introduction du composé CH² dans le type Eau, mais peut encore être considéré comme résultant de l'addition d'un atome d'Oxygène dans le type Formène. (Voir la remarque au bas de la page.)*

PRÉPARATION. — On distille à nouveau la couche médiane aqueuse qui provient des produits de la distillation du bois, produits qui placés dans une cuve se sont séparés en diverses couches. L'alcool méthylique passe d'abord avec quelques traces d'acide acétique. On arrête, lorsque le produit qui se condense marque 0° à l'alcoomètre.

PROPRIÉTÉS. — Cet alcool possède une odeur spiritueuse agréable, qui ne rappelle en rien celle de l'esprit de bois du commerce.

Alcool éthylique. Fig. 30.
SCHÉMA. — Description, voir page 42.

Alcool propylique. Fig. 31.

PRÉPARATION. — A été découvert par Chancel dans l'eau-de-vie de marc. S'obtient par la distillation fractionnée de l'eau-de-vie de cidre.

PROPRIÉTÉS. — Odeur agréable. Bout à 98°.

Remarque. — Les schémas de ces trois alcools peuvent également être considérés comme produits de substitution dans le type Eau dont l'hydrogène supérieur serait remplacé (en supprimant par la pensée le trait oblique) par les composés placés au-dessus du trait horizontal.

TYPES CHIMIQUES

Introduction progressive d'un élément tétratomique dans le type Ammoniaque.

Formation des Amines.

Ammoniaque. Fig. 31.

SCHÉMA-TYPE. — Description, voir page 30.

Méthylamine. Fig. 33.

SCHÉMA. — *Introduction du composé CH^2 dans la molécule Ammoniaque* (1). *Peut également être considérée comme un produit de substitution.* Voir *Substitution des radicaux*, pl. XXII, fig. 91.

PRÉPARATION. — 1° Action de la potasse sur l'isocyanate de Méthyle (Wurtz); 2° Azotate de Méthyle à froid sur l'ammoniaque; 3° Hydrogénation de l'acide cyanhydrique par solution alcoolique, par amalgame de sodium; 4° Iodure de méthyle chauffé en tubes scellés avec solution alcoolique d'ammoniaque.

PROPRIÉTÉS. — Gaz qui rappelle l'ammoniaque; incolore, alcalin, très soluble dans l'eau, odeur de marée et d'ammoniaque.

Éthylamine. Fig. 34.

PRÉPARATION. — Action de la potasse sur l'isocyanate d'Éthyle.

PROPRIÉTÉS. — Liquide incolore, très fluide, très soluble dans l'eau, bout à 18°. Odeur ammoniacale. La solution est alcaline et très caustique.

Propylamine. Fig. 35.

PRÉPARATION. — Action de la potasse sur le cyanate de propyle.

PROPRIÉTÉS. — Ce corps existe dans la nature dans l'huile de foie de morue, la saumure des harengs et les céréales gâtées. L'odeur est infecte. Les réactions, analogues d'ailleurs avec celles des autres amines, rappellent celles de l'Ammoniaque.

(1) On peut aussi considérer l'Éthylamine et la Propylamine comme les additifs supérieurs de la Méthylamine. Ils deviennent alors la Diméthylamine et la Triméthylamine.

PLANCHE X

TYPES CHIMIQUES

Introduction progressive du composé Éthylène
dans le type Ammoniaque.

Ammoniaque. Fig. 36.

SCHÉMA-TYPE. — Description, voir page 30.

Éthylamine. Fig. 37.

PRÉPARATION. — Description, voir page, 50.

Diéthylamine. Fig. 38.

SCHÉMA. — *La note (1), au bas de la page 50, nous donne l'explication de la constitution schématique de ce corps, de même que les accolades qui réunissent les groupes C^2H^4 de cette planche. Lorsque la diéthylamine est considérée comme produit de substitution (Voir pl. XVII), le schéma Ammoniaque a deux hydrogènes d'affectés.*

PRÉPARATION. — Action de l'Éthylamine sur le Bromure d'éthyle ou l'iodure d'éthyle ; on obtient le bromhydrate ou l'iodhydrate de diéthylamine, que l'on décompose par un alcali fixe pour obtenir le Diéthylamine (Hofmann).

Triéthylamine. Fig. 39.

PRÉPARATION. — Si l'on poursuit la série des opérations précédentes, en opérant sur la Diéthylamine de la même façon que sur l'éthylamine, c'est-à-dire en soumettant la Diéthylamine à l'action du Bromure ou de l'Iodure d'éthyle, on obtient le Bromhydrate ou l'Iodhydrate de Triéthylamine, qui traité par la potasse donne la Triéthylamine.

Remarque. — En supprimant les accolades qui réunissent les groupes C^2H^4 dans les figures 38 et 39 on obtient les schémas de la *Butylamine* et de l'*Hexylamine*.

TYPES CHIMIQUES

Introduction progressive d'un élément tétratomique
dans le type **Formène**.

Formation des carbures saturés.

Formène. Fig. 40.

Schéma-type. — Description, voir page 30.

Hydrure d'Éthyle. Fig. 41.

Schéma. — *Les schémas de cet hydrure, ainsi que des suivants, nous montrent que ces produits correspondent à des composés complètement saturés, comme l'est du reste le carbure initial, le Formène, qui nous sert de type.*

Préparation. — L'hydrure d'Éthyle s'obtient par la décomposition du Zinc-Éthyle par l'eau.

Propriétés. — C'est un gaz incolore à peu près insoluble dans l'eau, assez soluble dans l'alcool. Il jouit des propriétés fondamentales du Formène. En présence du Chlore, il donne comme le Formène plusieurs produits de substitution, dont le premier terme est le chlorure d'Éthyle.

Hydrure de Propyle. Fig. 42 et **Hydrure de Butyle. Fig. 43.**

Préparation. — Ces deux composés ont été obtenus par Pelouze et Cahours en soumettant les pétroles d'Amérique à des distillations fractionnées.

Ils n'offrent guère qu'un intérêt purement scientifique.

TYPES CHIMIQUES

Substitution d'un radical alcoolique à un atome d'Hydrogène
dans les types Hydrogène et Acide Chlorhydrique.

Hydrogène. Fig. 44.

Schéma-type. — Description, voir page 26.

Acide Chlorhydrique. Fig. 45.

Schéma. — Description, voir page 26.

Hydrure d'éthyle. Fig. 46 et **Chlorure d'éthyle.** Fig. 47.

Synonymie de l'hydrure d'éthyle. — Éther chlorhydrique.

Schémas. — *Ces deux composés sont obtenus par la substitution du radical Éthyle à un atome d'Hydrogène, soit dans la molécule Hydrogène, soit dans la molécule Acide Chlorhydrique.*

Préparation. — Nous avons donné page 58, la préparation de l'hydrure d'éthyle.

Le chlorure d'éthyle peut s'obtenir par l'union directe de l'acide chlorhydrique et de l'éthylène; on l'obtient habituellement en distillant 2 parties de chlorure de sodium avec 1 partie d'alcool et 1 d'acide sulfurique.

Propriétés. — C'est un liquide incolore, d'une odeur pénétrante, de densité 0,92, bout à 11°, aussi on le conserve dans des tubes scellés. Les propriétés du chlore sont dissimulées dans cet éther : pas de précipité par le nitrate d'argent.

Éthyle. Fig. 48.

Schéma. — *Nous avons reproduit ce schéma, afin de démontrer qu'une molécule du radical Éthyle correspond à la formule C^4H^{10} et non C^2H^5. Il y a donc analogie complète avec H^2 (molécule hydrogène).*

Chlorure de Méthyle. Fig. 49.

Synonymie. — Formène monochloré.

Schéma. — *Le schéma de ce corps est l'analogue du chlorure d'éthyle indiqué plus haut, figure 47.*

Pour la description, voir page 34, Formène monochloré.

TYPES CHIMIQUES

Substitution d'un radical acide à un atome d'hydrogène dans les types Hydrogène et Acide Chlorhydrique.

4

Hydrogène. Fig. 50.

SCHÉMA-TYPE. — Description, voir page 26.

Acide chlorhydrique. Fig. 51.

SCHÉMA-TYPE. — Description, voir page 26.

Acétyle. Fig. 52.

SCHÉMA. — *De même que nous l'avons fait pour l'Éthyle figure 48, nous avons reproduit ce schéma, pour démontrer que la molécule du radical Acétyle correspond à la formule $C^4H^6O^2$ et non C^2H^3O. Il y a donc analogie complète avec H^2 (molécule hydrogène). Lorsque ce corps se substitue à 1 atome d'hydrogène, par exemple, c'est le composé C^2H^3O, qui prend la place de H, de même que pour l'Éthyle, c'est le composé C^2H^5 qui prend la place de H.*

Chlorure d'Acétyle. Fig. 53.

SYNONYMIE. — Aldéhyde monochlorée.

SCHÉMA. — *Ce composé résulte de la susbtitution du radical acide, l'Acétyle, à l'atome hydrogène dans le composé Acide chlorhydrique. Mais comme le Chlorure d'acétyle est le premier terme de l'action progressive du chlore sur l'aldéhyde, on peut établir le schéma de ce corps en le rapportant à l'hydrogène.*

Si, dans le type hydrogène, nous remplaçons l'un des atomes par l'un ou l'autre des radicaux acétyle monochloré ou trichloré, que nous représentons figures 112 et 113, nous obtiendrons le chlorure d'acétyle et le chloral.

PRÉPARATION. — Le Chlorure d'acétyle s'obtient par l'action du perchlorure de phosphore sur l'aldéhyde.

Planche XIV

TYPES CHIMIQUES

Substitution de radicaux acides et alcooliques dans le type Hydrogène.

Hydrogène. Fig. 54.

SCHÉMA-TYPE. — Description, voir page 26.

Aldéhyde. Fig. 55.

SYNONYMIE. — Éthanal. Hydrure d'Acétyle. Aldéhyde éthylique, vinique, acétique.

SCHÉMA. — *Ce composé est obtenu par la substitution du radical Acétyle à un atome d'Hydrogène, dans le type Hydrogène. Il est l'analogue du chlorure d'Acétyle représenté à la planche XIII, figure 53.*

PRÉPARATION. — L'Aldéhyde s'obtient par l'oxydation de l'alcool à l'aide de l'acide chromique ou d'un mélange de Bichromate de potasse et d'acide sulfurique.

PROPRIÉTÉS. — L'Aldéhyde est un liquide incolore, d'une odeur éthérée, bouillant à 21°, qui agit comme corps réducteur en présence des oxydants et passe à l'état d'acide acétique. Sous l'action des hydrogénants, l'aldéhyde régénère l'alcool, d'où elle dérive.

Acétone. Fig. 56.

SYNONYMIE. — Propanone.

SCHÉMA. — *Si dans la figure 55, on remplace l'atome d'hydrogène non substitué par le radical Méthyle CH^3, on obtient un corps dont le schéma représente l'union du radical acide C^2H^3O et du radical alcoolique CH^3. C'est le schéma de l'Acétone.*

PRÉPARATION. — Ce corps s'obtient généralement par la distillation sèche de l'acétate de chaux; mais on l'a obtenu en traitant le chlorure d'acétyle par le Zinc méthyle ou bien encore, en traitant l'Éthylène chloré par le Méthylate de soude. Ces réactions expliquent la forme schématique que nous donnons à ce corps.

PROPRIÉTÉS. — Liquide incolore, d'odeur éthérée, bout à 50, brûle facilement.

Acétyle. Fig. 57.

SCHÉMA. — Description, voir page 66.

Planche XV

TYPES CHIMIQUES

Substitution de radicaux alcooliques aux atomes d'hydrogène dans le type Eau.

Eau. — Fig. 58.

SCHÉMA-TYPE. — Description, voir page 26.

Alcool. Fig. 59. — Description, voir page 42.

Ether. Fig. 60.

SYNONYMIE. — Oxyde d'Éthyle. Éthane-oxy-Éthane. Éther éthylique ou improprement éther sulfurique.

SCHÉMA. — *Ce composé est obtenu par la substitution du radical Éthyle à chacun des atomes Hydrogène du type Eau. En comparant ce schéma avec celui de l'Éthyle, figure 48, on s'explique parfaitement les deux dénominations Oxyde d'Éthyle et Éthane-oxy-Éthane.*

PRÉPARATION. — L'éther s'obtient par l'action de l'acide sulfurique sur l'alcool à la température de 140° (1).

PROPRIÉTÉS. — L'éther est un liquide incolore très mobile d'une odeur *sui generis* et d'une saveur brûlante, bouillant à 35°, se mêle difficilement à l'eau, dissout un grand nombre de corps, notamment parmi les composés organiques riches en carbone, tels que les résines et les corps gras.

Éther méthyl-éthylique. Fig. 61.

SCHÉMA. — *Nous avons reproduit le schéma de ce corps afin que le lecteur puisse s'expliquer le phénomène de l'éthérification par la théorie de Williamson. Ce composé peut en effet être obtenu, soit en chauffant l'acide sulfovinique avec l'alcool méthylique, soit inversement en chauffant l'acide sulfométhylique avec l'alcool éthylique.*

---

(1) Dans l'éthérification, on retrouve à la distillation toute l'eau de l'alcool éthérifié ; l'acide sulfurique ne s'en est pas emparé, il s'est simplement uni à l'alcool à la température ordinaire pour donner de l'acide sulfovinique lequel à 140°, réagit sur l'alcool, pour donner l'éther.

Planche XVI

TYPES CHIMIQUES

Substitution de radicaux acides aux atomes d'hydrogène
dans le type Eau.

Eau. Fig. 62.

Sᴄʜᴇᴍᴀ-ᴛʏᴘᴇ. — Description, voir page 26.

Acide Acétique hydraté. Fig. 63.

Sʏɴᴏɴʏᴍɪᴇ. — Acide Éthanoïque.

Sᴄʜᴇᴍᴀ. — *Ce composé résulte de la substitution du radical acide Acétyle à un atome d'Hydrogène dans le type Eau. Ce schéma est analogue à celui de l'Alcool figure 59 et n'en diffère que pour le radical substitué, qui dans ce cas est le radical alcoolique Éthyle.*

Pʀᴇᴘᴀʀᴀᴛɪᴏɴ. — Cet acide résulte de l'oxydation de l'alcool.

On l'obtient par distillation du bois (Acide pyroligneux) et purification, on combine à la chaux le produit obtenu et on le décompose par l'acide sulfurique, on le distille et on le refroidit pour l'obtenir en cristaux (Acide acétique cristallisable).

La fermentation des liquides alcooliques et même des liquides sucrés permet également d'obtenir l'acide acétique (Vinaigre).

Pʀᴏᴘʀɪᴇᴛᴇꜱ. — L'acide acétique pur est cristallisé à la température de 17° au-dessus ; c'est un liquide qui entre en ébullition à 124°. L'addition d'une petite quantité d'eau abaisse son point de solidification.

Il possède une odeur piquante ; il est très corrosif.

Éther Acétique. Fig. 64.

Sᴄʜᴇᴍᴀ. — *Si l'on prend les radicaux qui sont entrés en substitution dans les figures 59 et 63 pour constituer les composés Alcool ou Acide acétique et qu'on les substitue à chacun des Hydrogènes du type Eau, on obtient l'Éther acétique.*

Acide Acétique anhydre.

Sᴄʜᴇᴍᴀ. — *Ce composé s'obtient par la substitution du radical Acétyle à chacun des Hydrogènes de l'eau.*

PLANCHE XVII

TYPES CHIMIQUES

Substitution de radicaux alcooliques aux atomes d'Hydrogène
dans le type **Ammoniaque**.

Formation des **Amines**.

Ammoniaque. Fig. 66.

Schéma-type. — Description, voir page 30.

Éthylamine. Fig. 67.

Schéma. — Description, voir page 50.

Diéthylamine. Fig. 68.

Schéma. — Description, voir page 54.

Triéthylamine. Fig. 69.

Schéma. — Description, voir page 54.

Remarque. — En reproduisant ici, ces ammoniaques composées, nous poursuivons la substitution des radicaux Éthyle et
Acétyle dans le type Ammoniaque, comme nous l'avons fait
dans les types Hydrogène et Eau. Les schémas que nous obte-
nons sont tout à fait différents des schémas de ces mêmes corps
reproduits à la planche X, lesquels sont des produits d'addition. Les figures 37, 38 et 39 doivent être considérées comme des
accroissements de carbone. Ces figures représentent l'introduction progressive du composé Éthylène dans le type Ammoniaque. Cette différence dans les schémas n'a d'ailleurs rien qui
puisse nous étonner, car elle existe depuis longtemps dans la
manière de représenter les formules de ces corps. C'est ainsi
que l'on écrit $(C^2H^4)AzH^3$, $(C^2H^4)^2AzH^3$, $(C^2H^4)^3AzH^3$, formules
qui correspondent évidemment aux figures 37, 38 et 39,

$$\text{ou bien} \qquad \left.\begin{matrix} C^2H^5 \\ H \\ H \end{matrix}\right\} Az \qquad \left.\begin{matrix} C^2H^5 \\ C^2H^5 \\ H \end{matrix}\right\} Az \qquad \left.\begin{matrix} C^2H^5 \\ C^2H^5 \\ C^2H^5 \end{matrix}\right\} Az$$

formules qui correspondent aux figures 67, 68 et 69.

PLANCHE XVIII

TYPES CHIMIQUES

Substitution de radicaux acides aux atomes d'hydrogène dans le type Ammoniaque.

Formation des Amides.

Ammoniaque. Fig. 70.

SCHÉMA-TYPE. — Description, voir page 30.

Acétamide. Fig. 71.

SCHÉMA. — *Ce composé résulte de la substitution du radical Acétyle à un atome d'Hydrogène dans le type Ammoniaque.*

PRÉPARATION. — Les amides étant des composés azotés qui peuvent être considérés comme formés par l'union de l'Ammoniaque et des acides avec élimination des éléments de l'eau, leur
préparation consiste à enlever une certaine quantité d'eau aux
sels ammoniacaux. L'Acétamide s'obtient en soumettant à la
distillation l'Acétate d'Ammoniaque.

PROPRIÉTÉS. — Substance cristalline, formée de prismes incolores, fusibles à 78°, soluble dans l'eau, l'alcool et l'éther.
Chauffée à 100° avec une base, l'hydrate de potasse, elle régénère l'acide acétique et l'ammoniaque.

L'Acétamide paraît former avec les acides des combinaisons
définies; c'est ainsi que l'on a obtenu le chlorhydrate d'Acétamide.

Diacétamide. Fig. 72 et **Triacétamide.** Fig. 73.

SCHÉMAS. — *La formation schématique de la Diacétamide et de la
Triacétamide d'une part, et le mode analogue de préparation de ces
trois composés d'autre part, permettent d'établir un rapprochement
entre ces corps et ceux de la planche XVII.*

En effet, sous l'influence du bromure d'éthyle, l'Éthylamine
donne la Diéthylamine et celle-ci la Triéthylamine.

Sous l'influence du chlorure d'Acétyle, l'Acétamide donne la
Diacétamide et celle-ci la Triacétamide.

Planche XIX

TYPES CHIMIQUES

Substitution de radicaux alcooliques aux atomes d'hydrogène
dans le type Formène.

Formène. Fig. 74.

SCHÉMA-TYPE. — Description, voir page 30.

Hydrure de Propyle. Fig. 75.

SYNONYMIE. — Propane.

SCHÉMA. — *Ce composé résulte de la substitution du radical Éthyle à un atome d'Hydrogène dans le type Formène.*

En substituant progressivement ce radical à chacun des atomes Hydrogène, on obtient les corps :

Hydrure d'Amyle. Fig. 76.

SYNONYMIE. — Pentane.

Hydrure d'Œnanthyle. Fig. 77.

SYNONYMIE. — Heptane.

Hydrure de Pélargyle. Fig. 78.

SYNONYMIE. — Nonane.

PRÉPARATION. — Ces divers hydrures s'obtiennent en soumettant à des distillations fractionnées les pétroles d'Amérique. Cette distillation donne d'ailleurs la série complète (1) de ces composés, dont chaque terme diffère du précédent par CH^2 en plus.

PROPRIÉTÉS. — Les premiers termes sont gazeux. A partir de l'hydrure de butyle C^4H^{10}, ils sont liquides; leur densité et leur point d'ébullition vont croissant jusqu'à l'hexadécane $C^{16}H^{34}$. A partir de cet hydrure, tous les autres sont solides.

Tous ces carbures sont insolubles dans l'eau, mais solubles dans l'alcool et l'éther. Leur analogie avec le Formène se poursuit dans leurs propriétés et leurs réactions principales.

---

(1) Le point de départ et les premiers termes de cette série sont représentés dans la planche XI, par les figures 40, 41, 42 et 43. Nous aurions ici ces mêmes corps si nous avions employé le radical méthyle au lieu du radical éthyle qui ne nous donne que des carbures impairs.

TYPES CHIMIQUES

Substitution de radicaux acides aux atomes d'hydrogène
dans le type Formène.

Formène. Fig. 79.

SCHÉMA-TYPE. — Description, voir page 30.

Formène Acétylique. Fig. 80.

SCHÉMA. — *Ce composé résulte de la substitution du radical Acé-tyle à 1 atome d'Hydrogène dans le type Formène.*

Les composés obtenus par la substitution progressive du radical Acétyle dans le Formène ne donnent pas une série de corps appartenant au même groupe et possédant les mêmes fonctions comme ceux que l'on obtient par la substitution du radical Éthyle, ainsi qu'on a pu l'observer à la planche XIX. S'il y a analogie dans la substitution des radicaux Éthyle et Acétyle, il faut remarquer que cette analogie ne se poursuit pas dans les produits obtenus.

Le *Formène acétylique* correspond à la formule de l'*Aldéhyde propylique* ou encore de l'*Alcool Allylique*.

Formène Diacétylique. Fig. 81.

SCHÉMA. — *Le schéma résulte de la substitution du radical Acétyle à 2 atomes d'Hydrogène. Il correspond à la formule de l'Acide Valérique.*

Formène Triacétylique. Fig. 82, et **Formène Tétracé-tylique.** Fig. 83.

Ces deux composés se différencient des deux Formènes précédents par ce fait qu'ils semblent correspondre à des composés diatomiques.

AMMONIAQUES COMPOSÉES

Figuration de radicaux alcooliques et acides quelconque monoatomiques substitués aux atomes d'hydrogène dans le type Ammoniaque.

Classification des alcalis organiques.

Ces composés se divisent en trois classes :

Les Alcalis primaires ou *amidés* qui dérivent de la formule $Az\begin{cases}X\\H\\H\end{cases}$

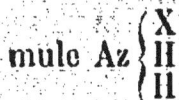

Les Alcalis secondaires ou *imidés* qui dérivent de la formule $Az\begin{cases}X\\Y\\H\end{cases}$

Les Alcalis tertiaires ou *nitrilés* qui dérivent de la formule $Az\begin{cases}X\\Y\\Z\end{cases}$

Un *Amide* est un sel ammoniacal neutre qui a perdu 2 équivalents (1 molécule) d'eau.

Le *schéma* de ce corps nous montre qu'il peut être considéré comme 1 molécule d'ammoniaque, dont le tiers de l'hydrogène a disparu, pour faire place à un radical acide. Si au lieu de substituer à l'hydrogène un radical acide, on substitue un radical basique, autrement dit un radical alcoolique, le composé obtenu est une Amine ou Alcali primaire.

Un *imide* est un sel ammoniacal acide, qui a perdu 4 équivalents (2 molécules) d'eau.

Le *schéma* de ce corps nous montre qu'il peut être considéré comme 1 molécule d'ammoniaque, dont 2 atomes d'hydrogène sont remplacés soit par un radical acide diatomique (voir pl. XXX, fig. 121), soit par 2 radicaux acides monoatomiques.

Les alcalis secondaires, sont absolument analogues aux imides et n'en diffèrent que par la présence du radical basique au lieu du radical acide.

Un *nitrile* est un composé dérivé d'un amide par élimination de 2 équivalents (1 molécule) d'eau.

Le *schéma* de ce corps indique que ses 3 atomes d'hydrogène sont substituées. En effet, l'amidogène AzH^2 de l'amide perd ses 2 atomes d'hydrogène pour donner le nitrile.

L'alcali tertiaire est analogue au nitrile, il contient le radical basique au lieu du radical acide.

AMMONIAQUES COMPOSÉES

Substitution progressive du radical **Méthyle** à l'atome **hydrogène** dans le type **Ammoniaque.**

Ammoniaque. Fig. 90.

Schéma-type. — Description, voir page 30.

Méthylamine. Fig. 91.

Schéma. — *Ce composé résulte de la substitution du radical Méthyle à 1 atome d'Hydrogène dans le type Ammoniaque.*

Préparation. — Voir page 50. Lire la note en bas de la page.

Diméthylamine. Fig 92, et **Triméthylamine.** Fig. 93.

Schémas. — *Ces deux composés résultent schématiquement de la substitution du radical Méthyle à 2 ou 3 atomes d'Hydrogène dans le type Ammoniaque.*

Préparation. — Ces corps se rencontrent en même temps que la Méthylamine, lorsque l'on fait agir l'iodure de Méthyle sur l'Ammoniaque. Il est assez difficile de les séparer. La *Diméthylamine* se condense, à la température de 8°, en un liquide incolore, très alcalin.

La *Triméthylamine* existe dans la saumure des harengs, dans le seigle ergoté. On l'obtient encore en décomposant par la chaleur sous l'influence de la potasse, la narcotine et la codéine. On obtient en même temps son isomère, la propylamine. Sa source principale provient de la calcination des vinasses de betteraves.

Remarque. — Il y a lieu de rapprocher la planche XXII de la planche IX d'une part et des planches XXIII et XXV d'autre part.

AMMONIAQUES COMPOSÉES

Substitution progressive du radical Éthyle à l'atome hydrogène
dans le type Ammoniaque.

Ammoniaque. Fig. 94.
SCHÉMA-TYPE. — Description, voir page 30.

Éthylamine. Fig. 95.
SCHÉMA. — Description, voir page 50.

Diéthylamine. Fig. 96.
SCHÉMA. — Description, voir page 54.

Triéthylamine. Fig. 97.
SCHÉMA. — Description, voir page 54.

Remarque. — Cette planche, qui est la reproduction de la planche XVII, offre ici un intérêt tout différent. A la page 82, nous avons indiqué dans la *Remarque* la différence d'interprétation entre les schémas de la planche XVII et ceux de la planche X.

La planche XVII est l'exemple appliqué au type Ammoniaque, de la substitution du radical Éthyle dans les divers *types chimiques.*

La planche XXIII est l'analogue de la planche XXII; c'est une planche d'Amines, dont la formation générale est donnée par la planche XXI.

Elles représentent l'une et l'autre les corps les plus intéressants et les premiers connus parmi les *Ammoniaques composées,* pour lesquelles nous avons fait un groupe à part dans cet ouvrage.

Afin de s'expliquer la formation schématique des Alcalamides, il y a lieu de rapprocher ces deux planches XXII et XXIII des planches XXV et XXVI.

AMMONIAQUES COMPOSÉES

Substitution de divers radicaux alcooliques à l'atome hydrogène dans le type Ammoniaque.

Ammoniaque. Fig. 98.

Schéma-type. — Description, voir page 30.

thylamine. Fig. 99.

ma. — Description, voir page 50.

Pyridine. Fig. 100.

Schéma. — *Ce composé résulte de la substitution du radical C^5H^3, à 1 atome d'Hydrogène dans le type Ammoniaque.*

Préparation. — On obtient la *Pyridine* par la distillation sèche de la gélatine. On la prépare également par oxydation de la nicotine; on obtient alors l'acide carbopyridique, qui, distillé avec de la chaux, donne la Pyridine.

Propriétés. — Liquide incolore, bouillant à 116°, odeur forte et désagréable. Ce composé fournit, par substitution du radical Méthyle à l'hydrogène, plusieurs dérivés méthylés, la Méthylpyridine, etc.

Phénylamine. Fig. 101.

Synonymie. — Aniline.

Schéma. — *Ce composé résulte de la substitution du radical Phényle à 1 atome d'Hydrogène dans le type Ammoniaque.*

Préparation. — On obtient l'aniline en hydrogénant la nitrobenzine à l'aide de la limaille de fer et l'acide acétique. Il en résulte de l'acétate d'aniline, que l'on décompose par la soude pour séparer l'aniline.

Propriétés. — L'aniline est un liquide incolore, possédant une odeur désagréable. Sa densité est de 1,7; il bout à 184°; il est insoluble dans l'eau, mais soluble dans l'alcool et l'éther. Substance toxique.

Caractère principal : Avec le chlorure de chaux, l'aniline donne une coloration violette très intense.

AMMONIAQUES COMPOSÉES

Substitution progressive du radical **Formyle** à l'atome **hydrogène**
dans le type **Ammoniaque**.

Ammoniaque. Fig. 102.

SCHÉMA-TYPE. — Description, voir page 30.

Méthylamide. Fig. 103.

SYNONYMIE. — Formiamide.

SCHÉMA. — *Ce composé résulte de la substitution du radical For-myle à 1 atome d'Hydrogène dans le type Ammoniaque.*

PRÉPARATION. — La Formiamide a été obtenue par Hofmann, en chauffant pendant plusieurs jours à 100° en tubes scellés de l'éther formique saturé de gaz ammoniac; on distille et on recueille le produit, qui passe entre 190° et 192°; c'est la Formiamide.

On l'obtient également en distillant le formiate d'ammoniaque desséché.

PROPRIÉTÉS. — La Formiamide est un liquide incolore, très soluble dans l'eau et l'alcool et insoluble dans l'éther, bouillant à 190°, décomposable par la chaleur en eau et en oxyde de carbone.

Diméthylamide. Fig. 104 et **Triméthylamide.** Fig. 105.

SCHÉMAS. — *Ces deux composés résultent de la substitution du radical Formyle à 2 ou 3 atomes d'Hydrogène dans le type Ammoniaque.*

Remarque. — Nous avons, à dessein reproduit les schémas de ces deux corps, afin de compléter cette planche XXV, et permettre ainsi de la comparer à la planche XXII d'une part et à la planche XXVI d'autre part.

PLANCHE XXVI

AMMONIAQUES COMPOSEES

Substitution progressive du radical **Acétyle** à l'atome **hydrogène**
dans le type **Ammoniaque.**

Ammoniaque. Fig. 106.

Schéma-type. — Description, voir page 30.

Acétamide. Fig. 107.

Schéma. — Description, voir page 86.

Diacétamide. Fig. 108.

Schéma. — Description, voir page 86.

Triacétamide. Fig. 109.

Schéma. — Description, voir page 86.

Remarque. — La planche XXVI, qui est la reproduction de la planche XVIII, se présente sous un caractère différent.

La planche XVIII est l'exemple, appliqué au type Ammoniaque, de la substitution du radical Acétyle dans les divers *types chimiques.*

La planche XXVI et la planche XXV représentent des groupes d'amides très importants dont la formation générale est donnée par la planche XXI.

Ces corps font partie des *Ammoniaques composées* qui forment un groupe à part dans cet ouvrage. C'est à ce titre que cette planche XXVI vient ici prendre place.

AMMONIAQUES COMPOSÉES

Substitution de radicaux acides chlorés à l'atome hydrogène
dans le type Ammoniaque.

Ammoniaque. Fig. 110.

SCHÉMA-TYPE. — Description, voir page 30.

Acétamide. Fig. 111.

SCHÉMA. — Description, voir page 86.

Monochloracétamide. Fig. 112.

SCHÉMA. — *Ce composé résulte de la substitution d'un atome de Chlore à un atome d'Hydrogène dans le radical Acétyle. L'Acétyle monochloré ainsi obtenu, substitué à un atome d'hydrogène dans le type Ammoniaque, donne le schéma de la monochloracétamide.*

PRÉPARATION. — Ce corps a été obtenu en traitant l'éther monochloracétique par l'ammoniaque.

Trichloracétamide. Fig. 113.

SCHÉMA. — *Ce composé résulte de la substitution de 3 atomes de Chlore aux 3 atomes d'Hydrogène dans le radical Acétyle.*

L'Acétyle trichloré ainsi obtenu, substitué à un atome d'Hydrogène dans le type Ammoniaque, donne le schéma de la trichloracétamide.

PRÉPARATION. — Ce corps a été obtenu en traitant l'éther trichloracétique par l'ammoniaque.

ALCALAMIDES SECONDAIRES ET TERTIAIRES

Substitution des radicaux Méthyle, Phényle et Acétyle à l'atome
hydrogène dans le type Ammoniaque.

Ammoniaque. Fig. 114.

SCHÉMA-TYPE. — Description, voir p. 30.

Acétanilide. Fig. 115.

SYNONYMIE. — Phénylacétamide. Antifébrine. Acétaniline.

SCHÉMA (1). — *Ce composé résulte de la substitution du radical Phényle à un atome d'Hydrogène et du radical Acétyle à un autre atome d'Hydrogène dans la même molécule d'Ammoniaque.*

PRÉPARATION. — On obtient l'Acétanilide en chauffant pendant un ou deux jours de l'aniline avec un excès d'acide acétique cristallisable. On purifie le produit, en le faisant cristalliser dans la Benzine (Gerhardt).

PROPRIÉTÉS. — L'acétanilide se présente en lamelles incolores, brillantes et inodores. Elle est employée, en médecine, comme antithermique et analgésique.

Méthylacétanilide. Fig. 116.

SYNONYMIE. — Méthylphénylacétamide. Exalgine.

SCHÉMA. — *Ce composé résulte de la substitution du radical Méthyle à un atome d'Hydrogène, du radical Phényle à un second atome d'Hydrogène et du radical Acétyle à un troisième atome d'Hydrogène dans la même molécule d'Ammoniaque.*

PRÉPARATION. — On obtient la Méthylacétanilide en traitant le dérivé ortho de la monométhylaniline par le chlorure d'Acétyle et en recueillant le produit qui distille à 101°.

PROPRIÉTÉS. — L'Exalgine se présente en aiguilles ou en tablettes blanches, insipide, peu soluble dans l'eau à moins qu'elle ne soit alcoolisée. Elle fond à 101°. Ses propriétés thérapeutiques rappellent celles de l'Antipyrine.

(1) Les alcalamides sont caractérisées par un schéma dérivé du type ammoniaque avec substitution de radicaux à fonction différente. S'il n'y a que deux radicaux substitués l'un des radicaux est alcoolique et l'autre est acide. L'alcalamide est alors secondaire. S'il y a trois radicaux substitués il en existe toujours un dont la fonction est différente des deux autres. L'alcalamide est alors tertiaire.

ALCALAMIDES TERTIAIRES

Substitution de radicaux divers à l'atome Hydrogène
dans le type Ammoniaque.

Ammoniaque. Fig. 117.

SCHÉMA-TYPE.

Phénacétine. Fig. 118.

SYNONYMIE. — Para-oxy-éthyl-acétanilide. Phénédine. Para-acet-phénétidine.

SCHÉMA. — *Ce composé résulte de la substitution du radical Phényle à un atome d'Hydrogène ; du radical Acétyle à un second atome d'Hydrogène et du radical Oxyéthyle à un troisième atome d'Hydrogène dans le type Ammoniaque.*

PRÉPARATION. — La Phénacétine s'obtient par l'action de l'acide acétique cristallisable sur le para-amidophénétol.

PROPRIÉTÉS. — La Phénacétine est en paillettes cristallines blanches, brillantes, peu solubles dans l'eau. Cette substance est employée, en médecine, comme antithermique et analgésique. Il est essentiel qu'elle ne contienne pas de paraphénétidine, qui est un poison violent.

Méthacétine. Fig. 119.

SYNONYMIE. — Para-oxy-méthyl-acétanilide. Acétoparanidisine.

SCHÉMA. — *Ce composé résulte de la substitution du radical Phényle à un atome d'Hydrogène ; du radical Acétyle à un second atome d'Hydrogène et du radical Oxyméthyle à un troisième atome d'Hydrogène dans le type Ammoniaque.*

PRÉPARATION. — On obtient la Méthacétine en transformant d'abord le paranitrophénol en son sel de soude, lequel sous l'influence du chlorure de Méthyle fournit le nitroanisol. Ce corps, réduit par l'hydrogène, donne l'anisidine, laquelle chauffée avec l'acide acétique donne la Méthacétine.

PROPRIÉTÉS. — Poudre cristalline légèrement rougeâtre, saveur faiblement salée et amère, soluble dans l'eau et dans l'alcool. Ce produit est utilisé, en médecine, comme antiseptique, comme analgésique et surtout comme antithermique.

PLANCHE XXX

AMMONIAQUES COMPOSÉES

———

Figuration de radicaux alcooliques et acides quelconques diatomiques substitués à 2 atomes d'hydrogène dans une double molécule d'Ammoniaque.

Classification des Alcalis organiques.

La planche XXX est en quelque sorte la suite de la planche XXI et l'explication ci-dessous, la continuation de ce que nous avons exposé page 98. Cette planche représente la formation générale des diamines et des diamides, comme résultant de la substitution d'éléments diatomiques dans une double molécule d'Ammoniaque.

Les radicaux alcooliques ou acides qui figurent dans cette planche sont donc diatomiques et représentent par conséquent, ainsi qu'on peut le voir dans les planches XXXI et XXXII, soit un radical diatomique soit deux radicaux monoatomiques.

Tous ces corps sont des bases diatomiques, dérivées des glycols. C'est ainsi que la substitution du radical diatomique éthylène dans une double molécule d'ammoniaque a fourni l'*éthylène diamine*. Ce corps, sous l'influence de la liqueur des Hollandais (Bichlorure d'éthylène), a donné la *diéthylène diamine*. En continuant sur ce dernier corps l'action de la liqueur des Hollandais, on a obtenu la triéthylène diamine. Comme on peut le remarquer, ces opérations sont absolument analogues à celles que nous avons décrites page 54.

Les composés ammoniacaux, formés à l'aide des acides bibasiques dérivés des glycols, donnent naissance aux *diamides*.

Le sel ammoniacal perd de l'eau et donne la diamide.

Nota. — Il nous paraît utile de comparer les planches XXI, XXX et XXXIII que nous aurions voulu pouvoir réunir en un seul tableau.

AMMONIAQUES COMPOSÉES

Substitution de radicaux acides diatomiques à 2 atomes d'hydrogène
dans une double molécule d'Ammoniaque.

7

Diamide primaire. Fig. 126.

SCHÉMA-TYPE.

Carbamide ou Urée. Fig. 127.

SCHÉMA. — *Ce composé résulte de la substitution du radical Carbonyle à 2 atomes d'Hydrogène dans une double molécule d'Ammoniaque.*

PRÉPARATION. — L'urée se prépare en faisant réagir l'Ammoniaque sur l'éther éthylcarbonique. On obtient de l'Alcool et de l'urée. Une autre procédé consiste à faire réagir l'Ammoniaque sur l'oxychlorure de carbone. On l'obtient encore en oxydant l'oxamide à l'aide de l'oxyde de mercure. Enfin on la retire de l'urine.

PROPRIÉTÉS. — L'urée cristallise en longs prismes droits, incolores, inodores, très solubles dans l'eau et dans l'alcool et à peine dans l'éther. Bien que neutre, l'urée se combine à certains acides et même à plusieurs oxydes, particulièrement à ceux de mercure et d'argent.

Elle se transforme en carbonate d'ammoniaque en fixant les éléments de l'eau (Fermentation de l'urine).

Oxamide. Fig. 128.

SCHÉMA. — *Ce composé résulte de la substitution du composé C^2O^2 à 2 atomes d'Hydrogène dans une double molécule d'Ammoniaque.*

PRÉPARATION. — L'oxamide s'obtient en enlevant 2 molécules d'eau à l'oxalate neutre d'Ammoniaque ou en versant une solution ammoniacale dans l'éther oxalique.

PROPRIÉTÉS. — L'oxamide se présente sous l'aspect d'une poudre blanche, cristalline, insoluble dans l'eau froide, l'alcool et l'éther. Chauffée avec l'anhydride phosphorique, elle perd 2 molécules d'eau et donne l'*oxalonitrile*, qui n'est autre que le cyanogène. Les acides et les alcalis concentrés agissant sur l'oxamide regénèrent l'acide oxalique et l'ammoniaque.

DIALCALAMIDES

Substitution de radicaux monoatomiques à 1 ou 2 atomes d'hydrogène
dans une double molécule d'Ammoniaque.

Dialcalamide secondaire. Fig. 129.

SCHÉMA-TYPE.

Éthylurée. Fig. 130.

SCHÉMA. — *Ce composé résulte de la substitution du radical Éthyle à 1 atome d'Hydrogène et du radical Carbonyle à 2 atomes d'hydrogène dans une double molécule d'Ammoniaque.*

PRÉPARATION. — L'éthylurée se prépare en faisant agir l'ammoniaque sur l'éther éthyl-isocyanique ou l'acide cyanique sur l'éthylamine.

PROPRIÉTÉS. — Au lieu de donner ici les propriétés spéciales de l'Éthylurée, nous croyons plus utile de donner les propriétés générales des *Urées composées*.

On peut dire que les *Urées composées* sont à l'*urée* (1) ce que les *Ammoniaques composées* sont à l'ammoniaque.

On a pu obtenir la Diéthylurée, la Méthyléthylurée, l'acétylurée, comme on obtient la Diéthylamine, la Méthyléthylamine et l'acétamide.

Diméthyloxamide. Fig. 131.

SCHÉMA. — *Ce composé (2) résulte de la substitution de deux radicaux Méthyle à 2 atomes d'Hydrogène et du radical diatomique C^2O^2 à deux autres atomes d'Hydrogène dans une double molécule d'ammoniaque.*

(1) Il y a lieu de comparer la figure 130 à la figure 127 de la planche XXXI.
(2) Nous n'avons reproduit le schéma de ce composé, qu'afin de pouvoir le comparer au schéma de l'oxamide, figure 128, de la planche XXXI.

AMMONIAQUES COMPOSÉES

———

Figuration de radicaux alcooliques et acides triatomiques substitués
à 3 atomes d'hydrogène dans une triple molécule d'Ammoniaque.

Ammoniaques composées.

Cette planche est le complément des planches XXI et XXX.

Elle montre comment les radicaux alcooliques et acides tria-tomiques peuvent entrer dans une triple molécule d'ammoniaque.

Nota. — Les composés qui appartiennent à ce groupe ne présentant pas autrement d'intérêt, nous nous sommes borné à la planche XXXIII, qui est théorique et dont l'interprétation sera d'autant plus facile qu'on s'est mieux rendu compte des schémas des 12 planches précédentes et notamment des planches XXI et XXX.

HYDRAZINES

Substitution des radicaux Méthyle et Éthyle à l'atome Hydrogène
dans le type Hydrazine.

Hydrazine. Fig. 138.

SCHÉMA-TYPE.

Ces corps, qui ont une grande analogie avec les Amines, appartiennent au groupe diamidogène $H^2Az - AzH^2$.

Méthylhydrazine. Fig. 139.

SCHÉMA. — *Ce composé résulte de la substitution du radical Méthyle à 1 atome d'Hydrogène dans le type Hydrazine.*

PRÉPARATION. — Voir le composé ci-dessous (1).

Éthylhydrazine. Fig. 140.

SCHÉMA. — *Ce composé résulte de la substitution du radical Éthyle à 1 atome d'Hydrogène dans le type Hydrazine.*

PRÉPARATION. — Ce composé est obtenu à l'aide du cyanate de diéthylamide, qui sous l'action de la chaleur se transforme en diéthylurée.

En faisant agir l'acide azoteux sur ce corps, on obtient la nitrosodiéthylurée.

Sous l'influence du zinc et de l'acide chlorhydrique, cette substance se transforme en amido-diéthylurée, laquelle, bouillie avec la lessive de soude, donne l'Éthylhydrazine.

(1) En partant du cyanate de diméthylamine, on pourrait obtenir la Méthylhydrazine, comme on obtient l'Éthylhydrazine.

Planche XXXV

HYDRAZINES

Substitution des radicaux Méthyle et Phényle à l'atome Hydrogène
dans le type Hydrazine.

Phénylhydrazine. Fig. 141.

SCHÉMA. — *Ce composé résulte de la substitution du radical Phéthyle à 1 atome d'Hydrogène dans le type Hydrazine.*

PRÉPARATION. — Voir la préparation de l'éthylhydrazine, page 150.

PROPRIÉTÉS. — Le Phénylhydrazine avait été essayée ainsi que son chlorhydrate comme antiseptique et antipyrétique, mais ces deux substances, étant très toxiques, ont été abandonnées.

Méthylphénylhydrazine symétrique. Fig. 142.

SCHÉMA. — *Ce composé résulte de la substitution du radical Méthyle à 1 atome d'Hydrogène de l'un des groupes AzH^2 et de la substitution du radical phényle à 1 atome d'Hydrogène du second groupe AzH^2 dans le type Hydrazine.*

Méthylphénylhydrazine asymétrique. Fig. 143.

SCHÉMA. — *Ce composé résulte de la substitution du radical Méthyle à 1 atome d'Hydrogène et du radical Phényle au second atome d'Hydrogène dans le même groupe AzH^2 du type Hydrazine, le second groupe AzH^2 n'étant pas affecté.*

Remarque. — Il résulte des explications que nous venons de donner qu'il y a *symétrie* lorsque la substitution porte à la fois sur chacun des groupes AzH^2, et qu'au contraire il y a *asymétrie* quand la substitution n'affecte qu'un seul groupe.

HYDRAZINES

Substitution des radicaux Méthyle et Phényle à l'atome Hydrogène et introduction d'éléments diatomiques et tétratomiques dans le type Hydrazine.

Pyrazol. Fig. 144.

SCHÉMA-TYPE.

SCHÉMA. — *Ce composé résulte de l'introduction de 3 atomes de Carbone dans le type Hydrazine.*

C'est le noyau hypothétique admis par Knorr pour expliquer la constitution de l'Antipyrine.

Oxypyrazol. Fig. 145.

SYNONYMIE. — Pyrazolone.

SCHÉMA. — *Ce composé résulte de l'introduction d'un atome d'Oxygène dans le composé précédent. Il est le schéma-type de l'antipyrine.*

Antipyrine. Fig. 146.

SYNONYMIE. — Analgésine. Diméthyl-oxy-quinizine (1). Diméthyl-phényl-pyrazolone.

SCHÉMA. — *Ce composé résulte de la substitution du radical Phényle à 1 atome d'Hydrogène et de deux radicaux Méthyle à deux atomes d'Hydrogène dans le composé Oxypyrazol.*

PRÉPARATION. — La préparation de l'Antipyrine repose sur des procédés industriels très compliqués.

PROPRIÉTÉS. — L'antipyrine est une poudre cristalline, blanche, inodore, un peu amère, soluble dans l'eau, l'alcool et l'éther.

Elle peut se combiner à différents phénols. C'est ainsi qu'on a obtenu la phénopyrine, la naphtopyrine, la résopyrine, la catéchinopyrine, la pyrogallopyrine. Avec le chloral, elle a donné le monochloral antipyrine ou hypnal; avec l'acide salicylique, on a obtenu le salicylate d'antipyrine ou salipyrine. Les acides valérianique et benzoïque donnent des composés analogues.

(1) Avant de l'appeler *Diméthylphénylpyrazolone*, Knorr, qui avait d'abord admis l'existence du noyau hypothétique Quinizine, l'avait appelée *Diméthyl-oxy-quinizine*.

Planche XXXVII

SÉRIE AROMATIQUE

Formation de la Benzine.

8.

Carbure Acétylénique. Fig. 147.

SCHÉMA. — *Ce composé représente l'union du Carbone et de l'Hydrogène, qui marque le point de départ du composé Acétylène.*

Acétylène. Fig. 148.

SCHÉMA. — *Ce composé résulte de l'union de 2 atomes de Carbure acétylénique.*

PRÉPARATION. — La synthèse de ce corps a été réalisée par M. Berthelot, en faisant passer un courant électrique intense entre deux pointes de charbon de cornue placées dans une atmosphère d'hydrogène. On l'obtient généralement en décomposant l'acétylure cuivreux par l'acide chlorhydrique.

PROPRIÉTÉS. — C'est un gaz incolore, d'une odeur fétide, soluble dans l'eau et l'alcool. Il brûle avec une flamme éclairante.

Benzine. Fig. 149 et 150.

SCHÉMA. — *Ce composé résulte de l'union de 3 molécules d'acétylène. La chaîne 149 repliée sur elle-même et réunie par ses extrémités nous donne le schéma hexagonal figure 150, qui représente habituellement la Benzine.*

PRÉPARATION. — On peut obtenir ce corps par condensation de l'acétylène, en chauffant ce gaz au rouge sombre dans une cloche courbe.

La Benzine s'obtient en distillant les produits secondaires (goudrons) de la préparation du gaz d'éclairage.

PROPRIÉTÉS. — La Benzine est un liquide incolore, très mobile, bouillant à 84°4, insoluble dans l'eau, soluble dans l'alcool et l'éther. La Benzine dissout un grand nombre de corps : le soufre, l'iode, les corps gras, le caoutchouc, la gutta-percha et plusieurs résines.

Planche XXXVIII

SÉRIE AROMATIQUE

Introduction d'éléments monoatomiques, diatomiques
et tétratomiques dans le groupe Benzine.

Benzine. Fig. 151.

SCHÉMA-TYPE.

Phénol. Fig. 152.

SYNONYMIE. — Acide phénique. Acide carbolique. Hydrate de phényle.

SCHÉMA. — *Ce composé résulte de l'introduction d'un atome d'Oxygène dans le type Benzine. C'est ainsi un produit d'addition. Mais il peut être considéré comme produit de substitution, si l'on admet que l'oxydryle OH se substitue à un atome d'hydrogène de cette Benzine. Ce qui explique les deux formules C^6H^6O et C^6H^5,OH.*

PRÉPARATION. — Ce corps se retire des huiles lourdes provenant de la distillation de la houille. On recueille les produits qui passent entre 150° et 220°.

VARIÉTÉS. — Il existe 4 variétés commerciales : l'Acide phénique absolu, l'Acide phénique cristallisé, l'Acide phénique liquide et l'Acide phénique coloré.

Toluène. Fig. 153.

SCHÉMA. — *Ce composé résulte de la substitution du radical Méthyle à un atome d'Hydrogène dans le type Benzine.*

PRÉPARATION. — Le Toluène s'obtient en traitant la Benzine monobromée par le sodium et l'iodure de Méthyle. Dans l'industrie, ce corps s'obtient avec la Benzine de laquelle on le sépare par distillation.

PROPRIÉTÉS. — Le toluène est un liquide qui par ses réactions principales rappelle la Benzine.

Hexachlorure de Benzine. Fig. 154.

SCHÉMA. — *Ce composé résulte de l'introduction de 6 atomes de chlore dans le type Benzine.*

PRÉPARATION. — Le chlore s'unit à la Benzine sous l'influence des rayons solaires et donne un composé cristallin, qui est l'hexachlorure de Benzine, fusible à 135°.

SERIE AROMATIQUE, PHENOLS

A. Introduction progressive d'un élément diatomique
dans le groupe Benzine.

B. Variation de position des éléments diatomiques.
Formation des dérivés isomériques Ortho, Méta et Para
dans le groupe Benzine.

Phénol monoatomique. Fig. 155.
SCHÉMA. — Voir description, page 166, Phénol.

Phénol diatomique. Fig. 156.
SCHÉMA. — Voir plus bas les Phénols Ortho, Méta et Para.

Phénol triatomique. Fig. 157.
SYNONYMIE. — Pyrogallol. Acide pyrogallique.
SCHÉMAS. — *Les 3 phénols dont les schémas sont reproduits ci-contre en A résultent de l'introduction progressive de 1, 2 ou 3 atomes d'Oxygène dans le type Benzine.*
PRÉPARATION. — Ce dernier phénol, nommé plus souvent *Pyrogallol* ou *Acide pyrogallique*, s'obtient par la distillation sèche de l'acide gallique.
PROPRIÉTÉS. — Le pyrogallol se présente en lamelles ou aiguilles blanches fusibles à 115°. Ce corps est soluble dans l'eau, l'alcool et l'éther. La solution aqueuse absorbe rapidement l'oxygène.

Orthodiphénol. Fig. 158.
SYNONYMIE. — Pyrocatéchine, Oxyphénol.
SCHÉMAS. — *Les schémas de ce corps, ainsi que des deux suivants, sont caractérisés par la présence de 2 atomes d'Oxygène dans le type Benzine. Ces corps sont isomères. Ils se différencient par la position qu'occupe le 2e atome par rapport au 1er.*
PRÉPARATION. — S'obtient par la distillation rapide du cachou.
PROPRIÉTÉS. — Est en lames blanches, brillantes, d'une saveur amère, fusibles à 111°, solubles dans l'eau, l'alcool et l'éther.

Métadiphénol. Fig. 159.
SYNONYMIE. — Résorcine.
PRÉPARATION. — Ce composé s'obtient en traitant par la potasse le galbanum et quelques gommes-résines.
PROPRIÉTÉS. — Cette substance cristallise en prismes rhomboïdaux, très solubles dans l'eau, l'alcool et l'éther, fusibles à 99°.

Paradiphénol. Fig. 160.
SYNONYMIE. — Hydroquinone.
PRÉPARATION. — Est retiré de l'Arbutine, glucoside de l'Uva ursi, qui, sous l'influence de l'émulsine ou de l'acide sulfurique étendu, se dédouble en glucose et en hydroquinone.
PROPRIÉTÉS. — Ce corps cristallise en prismes incolores, solubles dans l'eau, l'alcool et l'éther, fusibles à 177°.
A une haute température, ce corps se dédouble en Quinone et en hydrogène.

Planche XL

SERIE AROMATIQUE

Isomères de constitution et de position des dérivés éthylés
et bi-méthylés du groupe Benzine.

Éthylbenzine. Fig. 161.

Schéma. — *Ce composé résulte de la substitution du radical Éthyle à un atome d'Hydrogène dans le groupe Benzine.*

Diméthylbenzine. Fig. 162.

Synonymie. — Orthodiméthylbenzine.

Schéma. — *Ce composé résulte de la substitution de 2 radicaux Méthyle aux atomes d'Hydrogène correspondant aux carbones 1 et 2 du groupe Benzine.*

Métadiméthylbenzine. Fig. 163.

Schéma. — *Ce composé résulte de la substitution de 2 radicaux Méthyle aux atomes d'Hydrogène correspondant aux carbones 1 et 3 du groupe Benzine.*

Paradiméthylbenzine. Fig. 164.

Schéma. — *Ce composé résulte de la substitution de 2 radicaux Méthyle aux atomes d'Hydrogène correspondant aux carbones 1 et 4 du groupe Benzine.*

Remarque. — Le premier composé l'Éthylbenzine, figure 161, est isomère de constitution avec les 3 autres composés, figures, 162, 163, 164. Ceux-ci constituent entre eux des isomères de position. L'examen des schémas ci-contre et l'accolade ci-dessous permettent de s'en rendre compte.

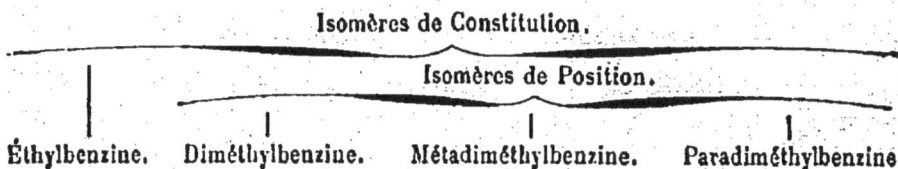

Isomères de Constitution.

Isomères de Position.

| Éthylbenzine. | Diméthylbenzine. | Métadiméthylbenzine. | Paradiméthylbenzine |

SÉRIE AROMATIQUE

Aldéhydes à fonction simple et à fonction mixte.

Aldéhyde Benzoïque. Fig. 165.

SYNONYMIE. — Hydrure de Benzoïle. Essence d'amandes amères.

SCHÉMA. — *Ce composé résulte de la substitution du radical aldéhydique COH à un atome d'Hydrogène dans le groupe Benzine.*

PRÉPARATION. — L'aldéhyde benzoïque s'obtient en distillant un mélange à parties égales, de Benzoate de chaux et de Formiate de chaux.

On peut l'obtenir encore à l'aide de Toluène bichloré et de l'oxyde de mercure ou la retirer des amandes amères.

PROPRIÉTÉS. — L'aldéhyde Benzoïque est un liquide incolore, d'une odeur agréable, d'une saveur âcre, bouillant à 179°5, soluble dans l'eau, l'alcool et l'éther. Ce corps donne par oxydation des aiguilles cristallines d'acide benzoïque. C'est une aldéhyde à fonction simple.

Aldéhyde orthoxybenzoïque. Fig. 166.

SCHÉMA. — *Si l'on considère le schéma de l'aldéhyde Benzoïque comme schéma-type, le composé figure 166 résulte de la substitution de l'oxydryle OH à l'atome hydrogène correspondant au carbone 2 dans l'aldéhyde benzoïque.*

Aldéhyde protocatéchique. Fig. 167.

SCHÉMA. — *En considérant toujours l'aldéhyde benzoïque comme schéma-type, le composé figure 167, résulte de la substitution de l'oxhydryle OH aux atomes hydrogène correspondant aux carbones 2 et 3 dans l'aldéhyde benzoïque.*

Vanilline. Fig. 168.

SYNONYMIE. — Aldéhyde méthylprotocatéchique.

SCHÉMA. — *Ce composé résulte de la substitution du radical Méthyle à un atome d'Hydrogène dans le composé précédent, figure 167.*

Nota. — Ces trois derniers composés sont des aldéhydes à fonctions mixtes.

SÉRIE AROMATIQUE

A. Isomères de constitution dérivés du groupe Benzine.

B. Quinones.

Ortho-Crésol. Fig. 169.

SchÉma. — *Ce composé résulte de la substitution de l'oxhydryle OH à l'atome hydrogène correspondant au carbone* **2** *dans le toluène ou Méthyl Benzine* (Voir fig. 153).

Alcool Benzoïque. Fig. 170.

SchÉma. — *Ce composé résulte de la substitution de l'oxhydryle OH à l'atome hydrogène du radical Méthyle dans le composé Méthylbenzine ou Toluène* (Voir fig. 153).

Ces deux corps sont des isomères de constitution.

QUINONES

Les Quinones sont des composés qui résultent de l'oxydation des groupes en position para.

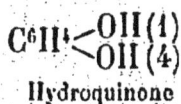

$$C^6H^4 <^{OH(1)}_{OH(4)} \qquad C^6H^4 <^{O}_{O}$$

Hydroquinone   Benzoquinone

Benzoquinone. Fig. 171.

SchÉma. — *Ce composé résulte de la substitution d'un atome d'oxygène aux atomes d'Hydrogène correspondant aux carbones 1 et 4 dans le groupe Benzine.*

Remarque. — La substitution de l'oxygène qui est diatomique à l'hydrogène qui est monoatomique ne peut se faire schématiquement qu'à la condition de relever vers les 2 atomes d'oxygène, l'une des deux atomicités comprises entre les carbones 4 et 5 d'une part et 6 et 1 d'autre part.

Hydroquinone. Fig. 172.

Synonymie. — Paradiphénol.

SchÉma. — *Ce composé résulte de la substitution de l'Oxhydryle OH aux atomes d'Hydrogène correspondant aux carbones 1 et 4 dans le groupe Benzine.*

Préparation. — Voir page 170, Paradiphénol.

Planche XLIII

SÉRIE AROMATIQUE

Groupement des hexagones représentant les homologues
supérieurs de la Benzine.

9.

Naphtaline. Fig. 173.

Schéma. — *On a vu planche XXXVII, figure 149, que la Benzine est représentée par une chaîne linéaire formée de 3 molécules d'Acétylène (chaque molécule étant formée de 2 atomes) ; la Naphtaline peut être représentée par une chaîne linéaire formée de 5 molécules d'acétylène qui en se transformant en Naphtaline perd 2 atomes d'hydrogène et donne deux hexagones ayant un côté commun. La Naphtaline est donc formée de deux groupes C^4H^4 unis par deux carbones libres.*

Essence de Térébenthine. Fig. 174.

Schéma. — *Le schéma de l'essence de térébenthine résulte de l'addition de 8 atomes d'hydrogène au schéma de la naphtaline. La figuration schématique exige que l'on relève les doubles atomicités comme on l'a fait précédemment planche XXXVIII, figure 154.*

Remarque. — Si dans ce composé on substitue l'oxhydryle OH à un atome d'hydrogène, on obtient le Camphre $C^{10}H^{16}O$. L'examen de la figure 174 permet de constater que la substitution de l'oxhydryle appliquée successivement à l'un des 16 atomes d'hydrogène donnerait 16 camphres isomères.

Anthracène. Fig. 175.

Schéma. — *Le schéma de ce composé peut également être représenté comme celui de la Naphtaline, en chaîne linéaire formée de 7 molécules d'acétylène qui en perdant 4 atomes d'hydrogène sont susceptibles de donner 3 hexagones ayant 2 côtés communs.*

TABLE DES MATIÈRES

1534-93. — CORBEIL, Imprimerie CRÉTÉ.

www.ingramcontent.com/pod-product-compliance
Lightning Source LLC
Chambersburg PA
CBHW071221200326
41519CB00018B/5627